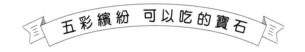

五彩繽紛 可以吃的寶石

甜蜜可愛琥珀糖

KOHAKUTO RECIPE

瑞昇文化

什麼是琥珀糖？ ～序言～

「哇～好可愛呀！」

　　有生以來第一次見到色調柔和的上生菓子，當時感受到的驚喜，至今還記得。從此我便成為和菓子（註：泛指所有日式糕點）的俘虜，有時在家自行看書摸索，或是去不只一間的菓子教室上課。回過神時，發現會做的菓子種類相當可觀。和菓子的顏色、形狀可以隨心所欲地改變，簡單來說就是「能夠品嚐的藝術」。「自己做和菓子？」，常常有人對此感到驚訝，其實利用身邊的材料和器具，就能製作出和菓子。

　　寒天、砂糖為製作和菓子的主要材料。製作過程簡單，將寒天煮到溶解後，再加入砂糖熬煮即可。而且和其他和菓子一樣，藉由改變顏色或形狀，即可展現豐富的變化。剛完成的琥珀糖，就像寶石一樣晶瑩剔透。欣賞糖果像礦石或毛玻璃慢慢結晶的過程，也是製作琥珀糖的樂趣之一。

　　做起來開心，看起來可愛，吃起來好吃。希望大家都能享受「能夠品嚐的藝術（琥珀糖）」其中的製作樂趣。

杉井ステフェス淑子

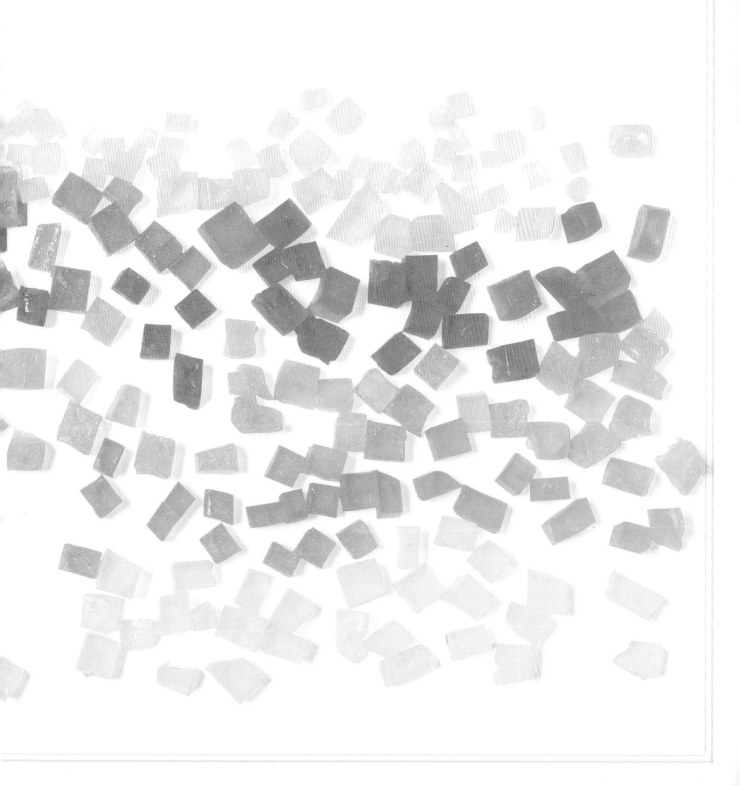

CONTENTS

PART **3**

希望拿來當作禮物的琥珀糖

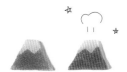

本書的使用方法

基本的材料和分量請參照本頁，
其他因食譜不同而改變的材料及步驟請參照各頁。

共通事項

- ☑ 本書使用的色素是膠狀食用色素。
- ☑ 食用色素的分量是用量標準。分量會依據手邊的食用色素而有所差異，請少量添加以調整顏色。
- ☑ 琥珀糖、糖霜的乾燥時間會因不同的居住區域及環境而有所差異。
- ☑ 琥珀糖的食用期限在結晶後約能保存一星期。保存時，請放入冷藏室中。
- ☑ 寒天絲可用一半分量的寒天粉取代。

ⓐ 材料

本書中所使用的基本寒天液（琥珀糖），包含預備分量在內，都統一成下述的分量以方便製作。不過實際使用時，寒天液的分量會因食譜不同而有所變動。熟習製作要領後，若須調整請依個人喜好來調整使用量。

基本寒天液的材料

★ 寒天絲 … 7 g

★ 水 … 280 cc

★ 細砂糖 … 420 g

★ 水飴 … 30 g

準備 2 個長寬高約 20cm×15cm×1cm 的平盤，足以將寒天液倒入的容量。

ⓑ 關於染色

除了作法中所呈現的主題顏色以外，書中出現相同主題不同顏色的圖片時，也會將食用色素的分量標示出來。

ⓒ 器具

本書標示著基本寒天液製作完成後的後續處理所需器具。盛裝寒天液的平盤或容器只要尺寸符合欲製作的主題，注入的高度達 1cm，個人喜好的器具皆可適用。

ⓓ 作法

基本寒天液的製作過程請參照 P.10，其他事項、圖案製作請參照 P.14、15。書末的型紙使用方法請參照 P.16。

琥珀糖的基本

琥珀糖在家就能簡單製作。琥珀糖外形可愛，外脆內軟，口感絕無僅有，就讓我們開始動手做吧。

基本的 材料和器具

製作琥珀糖所需要的材料和器具非常簡單。僅需一些材料就能馬上開始，而這也是製作琥珀糖的魅力之一。

base

寒天

本書使用最適合用於製作琥珀糖的寒天絲。使用前用水泡軟，即可做出口感纖細具有透明感的琥珀糖。寒天絲也可以用寒天粉取代。

水

水除了當作材料使用外，沾濕器具時也會用到，用以防止琥珀糖黏住刀子或砧板等。

精製砂糖

精製砂糖晶粒細緻、純度高，最適合用於製作琥珀糖。另外，同樣具有高純度的結晶蔗糖，也可以用於製作透明度高的琥珀糖。

水飴

藉由加入水飴（註：源自日本的一種糖漿，顏色為透明或銀白色）以增加透明度，做出來的琥珀糖口感細滑。此外在黏著時使用水飴，可發揮更強的黏著力。

+

coloring

染色材料

無色透明的琥珀糖可利用食用色素、各種飲料或食材來進行染色。準備幾種顏色加以混合便能產生豐富的顏色變化，讓琥珀糖的製作過程變得更有趣。

topping

彩糖珠　　　　　芝麻　　　　　銀珠糖

裝飾材料

活用琥珀糖表面具有黏性的特性，推薦加入裝飾食材之運用。琥珀糖除了製成模樣外，將具有口感或酸味的材料點綴其中，還能起到畫龍點睛的調味效果。

計量器具

製作甜點時材料秤量要準確。電子秤使用起來很方便。

碗（大、小）

分裝琥珀糖或盛裝染料、裝飾材料時，手邊有大小不一的碗會很有幫助。

鍋子

建議找個有倒嘴的鍋子。因為需要過篩，有兩個鍋子會比較方便。

木杓、刮刀

用於熬煮寒天液或倒入平盤之用。

濾網

藉由過篩的方式以增加琥珀糖的透明感，也可用漏勺代替。

溫度計

用於測量液體熬煮的溫度。注意測溫的時候不要碰觸到鍋底。

平盤、容器

顏色圖案有幾種就需要幾個。使用前請先確認底部是否平坦或置於不穩定處。

不鏽鋼鳥嘴斜口勺

有了這項器具容易將液體倒入，很方便，也有附刻度標示的樣式。

尺

用以計量倒入平盤容器中的寒天液的高度，或是用以等距切開琥珀糖。

攪拌棒

適合以前端部分沾取食用色素，在平盤中混拌顏色。

保鮮膜、廚房紙巾類

廚房紙巾用於消除氣泡，保鮮膜用於保存，烘焙紙用於令琥珀糖乾燥。

刀子、砧板

將琥珀糖自平盤或容器中取出，或用來分切時之用。

筆刀

比起料理刀，筆刀能切割得更漂亮。可在百元商店之類的地方購得。

脫模器具

製作餅乾會使用到的模具或吸管等，備有各種尺寸的器具，使用時會很方便。

有的話會更方便的器具

○ **布巾**：方便用來擦乾砧板或琥珀糖上的水分。
△ **筷子**：用來將細小的裝飾料放於琥珀糖上。
○ **噴水器**：用於弄濕器具或琥珀糖，非常方便好用。
○ **注射器**：加一些水到食用色素時之用。
△ **牛奶盒**：可以作為重複使用的模具或容器（P.17）。

基本作法

琥珀糖到表面自然呈現結晶霧狀,大約需要 5 天的時間。在搭配顏色或形狀時,請把從開始到製作完成為止所需的時間一併考慮進去。

準 備
►—►

寒天絲放入足夠量的冷水中泡著備用。浸泡時間會因商品不同而有所差異,使用前需要先確認一下浸泡時間。

溶解於水的食用色素,請事先加入少量水調和備用。

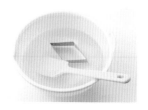

製作琥珀糖所使用的器具,泡水後較為順手好用,因此可先將器具泡在裝水的碗中。

作 法
(以立方體為例)

►—►

1

寒天絲用水洗淨後,瀝乾水分放入鍋子裡,加入 280cc 的水,轉大火。

2

沸騰後轉為小火,稍微攪拌使寒天溶解。適時調整火力,以防水分過度蒸發。

3

寒天充分溶解後,將鍋子移開爐火,用濾網過篩,然後再倒回鍋子裡。

4

加入細砂糖,轉中小火。慢慢煮至糖溶解即可,注意不要過度攪拌。

5

寒天液煮到溫度 106 度左右,由高處滴落時呈牽絲的狀態。

6

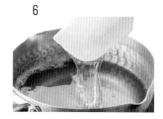

將鍋子移開爐火,加入水飴。利用餘熱使其慢慢溶解即可,勿過度攪拌。

7

將水浸泡過的平盤平放，慢慢倒入寒天液，使其深度約 1cm。

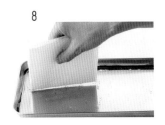

8

漂浮在表面的白色氣泡以廚房紙巾集中到角落後，再加以去除。

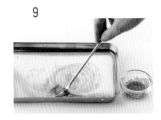

9

用攪拌棒的前端沾取食用色素，加入寒天液中進行染色。其他的染色材料也在這個步驟中加入。

10

2 小時

均勻染好顏色後，在室溫下擺放 2 小時。趕時間的話，可以放入冷藏室中。

11

琥珀糖凝固並達到可脫模的硬度後，以沾水的布巾擦拭砧板，使砧板保持濕潤。

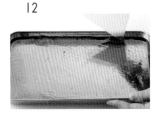

12

利用脫模刀等器具沿著平盤周邊劃一圈，讓琥珀糖的側面有空氣進入。

13

將琥珀糖從模具中慢慢取出放在砧板上，取出時小心不要破壞形狀。

14

用刀子切開來。由於乾燥前具有黏性，所以在此步驟進行琥珀糖的黏著作業。

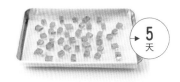

15

5 天

將琥珀糖排放在烘焙紙上，放置在通風良好的地方 5 天左右，使其自然乾燥。

保存法

➤ ─ ➤

塑膠容器材質若耐熱度高，也可使用這類容器。小尺寸的容器非常適合用來製作顏色各異的少量琥珀糖。

分量多出來時，用水沾濕琥珀糖表面，以保鮮膜封住放在冷藏室，約可以保存 2 天。

染色方式

除了食用色素之外,飲料和食材也可以用來染色。雖然說乾燥時間拉長,卻能夠為琥珀糖增添風味。

食用色素

食用色素的種類可以是粉末、液體、膠狀以及膏狀等。一旦顏色變深就很難調整,所以染色時染色劑要少量慢慢加入。

果汁

加了多少果汁,就要扣除相等的水量。由於可能無法凝固,因此柳橙汁等酸性飲料請先加熱到80度再加入。

香甜酒

香甜酒的顏色美麗又豐富。除此之外,因為可以調製出適合大人的口味,所以能夠享受到味道全然不同的琥珀糖。

咖啡、茶飲

咖啡、茶飲跟果汁的作法一樣,先萃取成液,再加入寒天液中混合均勻。和帶有酸味的果汁一樣,加入前先加熱到80度。

糖漿

刨冰糖漿能夠呈現出很鮮艷的顏色。和其他食材一樣,必須注意調水比例及混合時機,否則可能會無法凝固。

果醬

果醬請事先用少量熱水調開。使用摻有果肉的果醬,如草莓醬或柚子醬,還能使口感突出。

染色材料和水的分量

製作本書中提示的「2個寬約15cmx 長約20cm 平盤分量」時,所使用的染色材料和水的分量,如下所示。

果汁 80 cc	:	水 200 cc
香甜酒 30 cc	:	水 250 cc
咖啡、茶飲 80 cc	:	水 200 cc
糖漿 40 cc	:	水 240 cc
果醬 20 g（用1大匙開水調開）	:	水 240 cc

※ 染色材料的作法和食用色素一樣,在寒天液倒入容器後再加入。

色卡

只要備齊各色食用色素，就能享受玩顏色的樂趣。在這裡向大家介紹各種顏色、用量標準以及可替代的飲料和材料。

A ○透明色
不需染色。
可以取代的材料：無色的果汁或香甜酒

B 黃色
食用色素：3 顆黃色米粒大小的分量　可以取代的材料：檸檬糖漿

C ●米色
食用色素：1 顆褐色米粒大小的分量　可以取代的材料：咖啡或茶

D ●橘色
食用色素：3 顆橘色米粒大小的分量　可以取代的材料：紅石榴糖漿

E 淺橘色
食用色素：1 顆橘色米粒大小的分量　可以取代的材料：柳橙汁或芒果汁

F ●淺粉紅色
食用色素：1 顆粉紅色米粒大小的分量　可以取代的材料：葡萄柚汁

G ●粉紅色
食用色素：3 顆粉紅色米粒大小的分量　可以取代的材料：蔓越莓汁或草莓糖漿

H ●紅色
食用色素：3 顆紅色米粒大小的分量　可以取代的材料：草莓糖漿

I ●紫色
食用色素：3 顆紫色米粒大小的分量　可以取代的材料：BOLS 香甜酒或 CASSIS 香甜酒

J ●淺紫色
食用色素：1 顆紫色米粒大小的分量　可以取代的材料：葡萄汁或 CASSIS 香甜酒

K ●黑色
食用色素：3 顆黑色米粒大小的分量　可以取代的材料：無

L 淺藍色
食用色素：1 顆藍色米粒大小的分量　可以取代的材料：藍色庫拉索酒

M 淡藍色
食用色素：2 顆藍色米粒大小的分量　可以取代的材料：藍色夏威夷糖漿

N ●藍色
食用色素：3 顆藍色米粒大小的分量　可以取代的材料：藍色庫拉索酒

O ●綠色
食用色素：3 顆綠色米粒大小的分量　可以取代的材料：蜜瓜香甜酒或蜜瓜糖漿。

P 淺綠色
食用色素：1 顆綠色米粒大小的分量　可以取代的材料：綠茶或抹茶。

※ 此為使用膠狀食用色素時的用量標準。　※ 食用色素以外的材料也能染色，但若要成品顏色鮮艷，可以添加食用色素來達成。
※ 除了上述所舉的顏色，藉由調整食用色素的分量，還能調出各種不同的顏色。

圖案的製作方法

只要將染好顏色的琥珀糖組合搭配，就能做出圖案多變的琥珀糖。請務必熟習各種圖案的製作技巧。

點圖

dot

1

用吸管在染色並且凝固的琥珀糖上挖出小圓洞。

2

照同樣的方法在不同顏色並且凝固的琥珀糖上壓出小圓片。

3

將壓出來的小圓片填入琥珀糖的小圓洞中。

橫條紋 &
直條紋

*border &
stripe*

1

將染色並且凝固的琥珀糖切成寬為 1cm 的細條。

2

切好的琥珀糖，同樣以 1cm 的間隔平行排列在平盤中。

3

從平盤的一端排到另一端後，確認條紋間距是否均等。

4

接著將預先隔水加熱的無色寒天液緩緩倒入盤中，以避免凝固。

5

倒入液體時原本排好的琥珀糖會跑掉，可用刀子或刮刀等器具來調整琥珀糖的位置。

6

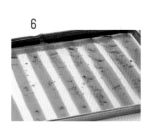

均等排列整齊後，常溫放置約 2 小時左右。

馬賽克圖案

mosaic

1

將已經凝固兩種顏色的琥珀糖，切成寬約 5mm 的四角形。

2

將切成小方塊的琥珀糖均勻撒在平盤上。

3

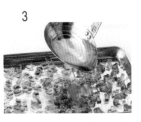

接著將預先隔水加熱好的無色寒天液緩緩倒入盤中，以避免凝固。

4

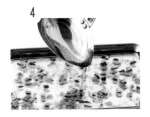

在平盤中倒入高度約 1cm 的寒天液，或是寒天液的倒入量能淹過成方塊狀的琥珀糖。

5

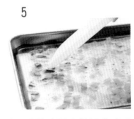

倒入液體時原本排好的琥珀糖會跑掉，可用刀子或刮刀等器具來調整琥珀糖的位置。

6

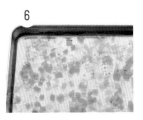

均勻散置後，常溫放置約 2 小時左右。

大理石紋

marble

1

將無色的寒天液倒入平盤中。

2

緊接著在平盤角落滴入一滴事先準備好的食用色素。

3

趁表面未乾前，用攪拌棒將滴入的食用色素抹開來。

4

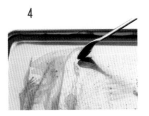

將食用色素延展到盤子大約一半的地方，在另一邊同樣滴入一滴食用色素並抹開。

5

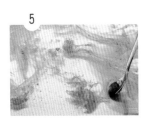

在盤子中央輕輕混合從左右兩邊延展過來的顏色，做出分層效果。

6

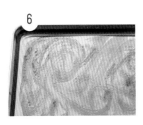

待整體佈滿大理石紋路後，常溫放置約 2 小時左右。

琥珀糖的切法

琥珀糖的切法自由自在。可用壓模型壓出形狀,也能任意切割,完成各式各樣的面貌。

用刀子切

想做成立方體或長方體,那就用刀子將琥珀糖切塊。切的時候,刀子容易被糖弄得黏黏的,可用吸水的布巾擦過,或是先將刀子浸泡在水中。如此一來,就能切得很漂亮。

用手撕

藉由手撕方式,可以做出各種形狀不一,感覺有趣的琥珀糖。還能做成像礦石般的形狀。利用壓模後剩下的邊邊角角,就能物盡其用,一點也不浪費。

壓模

將凝固的琥珀糖取出,鋪在保鮮膜或擰乾水的布巾上進行壓模,因為是從反面,所以比較容易壓下去。和刀子一樣,壓模型容易被糖分弄得黏黏的,建議每次使用前,先將壓模型浸泡在水中。

模型具

使用不銹鋼鳥嘴斜口勺,將寒天液緩緩倒入模具型中。凝固後取出,再使其乾燥,簡單就能完成可愛的琥珀糖。還可將取出後的琥珀糖進行組合黏著。

型紙

使用 P.65 ～ P.79 的型紙

1

將型紙墊在半透明的彩色塑膠資料夾底下,用筆刀沿著輪廓線刻一圈。

2

將型紙放在琥珀糖上,位置決定好後固定起來,確保它不會移動。

3

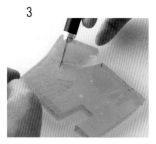

用筆刀沿著型紙一邊切掉不要的部分,一邊慢慢將圖案切割下來。

牛奶盒
活用法

製作三角形物體時（例如 P.50 的西瓜），
可以將便利的牛奶盒回收利用做成模具。

I

將牛奶盒開口部分攤開來，洗乾
淨晾乾。晾乾之後，準備一把美
工刀或筆刀。

2

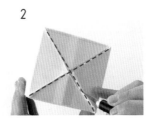

底部取對角沿著對角線切開。另
一邊的對角線也用同樣的方式切
開。

3

底部以刀片切割成四個三角形
後，沿側面一邊剪開。

4

接著從中間剪成兩半。這樣可以
做成兩個容器。

5

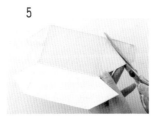

在開口的部分剪掉多餘的部分，
剪成和底部一樣的三角形。

6

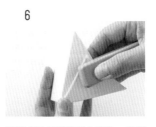

將剪成三角形的部分重疊，用釘
書機或膠帶固定住。另一邊也一
樣。

7

將在作法 6 完成的牛奶盒放在
有深度的容器上固定好，倒入寒
天液。

➡ ➡

非常方便！

可以打開來確認內側的
凝固情況。容易取出又
好切，真的很方便。

可活用在裝飾上的
糖霜的製作方法

糖霜的甜味跟琥珀糖的味道很搭，既能畫出漂亮的圖案又能留言於其上，所以就算是考究的主題也能簡單地製作。

1

將裁切成長方形的烘焙紙，沿對角線裁切成兩張。

2

由短的一端將烘焙紙捲成圓錐狀。

3

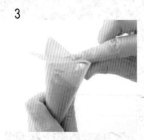

多餘的部分由外向內摺進圓錐狀的擠花袋口中。

4

在市售的糖霜中加入水（分量會因使用的商品而有所差異）。

5

攪打1分鐘左右，直到拿起攪拌器尾端呈現直立尖角狀的硬度。

6

用湯匙等器具將完成的糖霜慢慢舀入擠花袋內。

7

裝到差不多時，餘留一點空間，將上端的擠花袋由外向內摺起封住。

8

依需求修剪尖口，做為糖霜擠出的缺口。

9

握緊擠花袋上端以防糖霜外漏，慢慢擠描繪出想要的圖案。

用琥珀糖
製作主題

琥珀糖藉由染色、繪上圖案,或是將
配件與配件接合,其世界無限寬廣。
讓我們一起享受可愛又好吃,以琥珀
糖製作成的各種主題。

Cat & Ribbon

貓咪 & 蝴蝶結

色彩跳躍的橫紋貓
以蝴蝶結裝扮自己。

CAT

↓

RIBBON

↓

材料

基本的寒天液（P.6）

食用色素…【紫色】3 顆米粒大小的分量

※ 若是要做成淡粉紅色，則需【粉紅色】2 顆米粒大小的分量

準備器具

平盤 1 個（寬約 15cm x 長約 20cm）、書末的型紙（P.65）、筆刀

作法（以紫色作為示範例子）

1　製作寒天液（P.10）。鍋子裡留一半分量的寒天液，剩下的倒入平盤中，染成紫色，常溫放置約 2 小時左右。

2　用作法 1 的材料製作出橫條花紋的琥珀糖（P.14）。

3　

使用書末的型紙，對準要貼的位置貼上去。

4　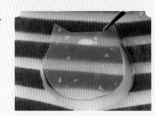

用刀子裁出貓咪的形狀，於常溫下令其自然風乾 5 天左右。

材料

基本的寒天液（P.6）

食用色素…【橘色】3 顆米粒大小的分量

※ 若是要做成淡藍色、粉紅色，則需【藍色】2 顆米粒大小的分量、【粉紅色】3 顆米粒大小的分量

準備器具

平盤 1 個（寬約 15cm x 長約 20cm）、市售壓模型（三角型）、刀子

作法（以橘色作為示範例子）

1　製作寒天液（P.10）。僅使用一半的分量，倒入平盤中，染成橘色，常溫放置約 2 小時左右。

2　

使用市售壓模型做出 2 個三角形。

3　

將作法 2 的 2 個三角形頂點相對，用刀子切下一小段同等長度。

4　

將兩者接合做成蝴蝶結的形狀，於常溫下令其自然風乾 5 天左右。

TIPS ■ ◆ ▼

基底的琥珀糖若沒有確實黏合，橫條紋就會顯得凌亂，要特別注意。

Cat & Dog

貓咪 & 狗狗

活用動物輪廓做成的可愛琥珀糖，
想不想嚐嚐看呢？

CAT

DOG

材料

基本的寒天液（P.6）

食用色素…【橘色】3 顆米粒大小的分量

準備器具

平盤 1 個（寬約 15cmx 長約 20cm）、市售壓模型（貓咪造型）

作法

I　製作寒天液（P.10）。僅使用一半的分量，倒入平盤中。

2　用橘色製作出大理石紋的琥珀糖（P.15）。

3

使用市售壓模型，壓製出貓咪的形狀。

4

於常溫下令其自然風乾 5 天左右。

TIPS

精心挑選壓模型放置的位置，讓成品呈現漂亮的圖案。

材料

基本的寒天液（P.6）

食用色素…【褐色】3 顆米粒大小的分量

※ 若是要做成米色，則需【褐色】1 顆米粒大小的分量

準備器具

平盤 1 個（寬約 15cmx 長約 20cm）、書末的型紙（P.65）、筆刀

作法（以褐色作為示範例子）

I　製作寒天液（P.10）。僅使用一半的分量，倒入平盤中，染成褐色，常溫放置約 2 小時左右。

2

使用書末的型紙，用筆刀裁出狗狗的形狀。

3

於常溫下令其自然風乾 5 天左右。

TIPS

切割時，注意不要漏掉稜角的部分。

Tulip

鬱金香

只需要圓形和三角形，
就能打造出簡單可愛的鬱金香花圈。

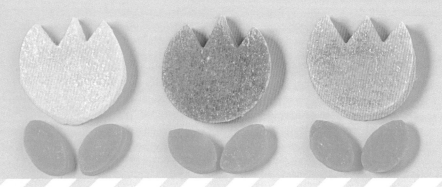

材料

基本的寒天液（P.6）
食用色素…【粉紅色、綠色】
各 2 顆米粒大小的分量
※ 若是要做成淺黃色、淡橘色，則需
　【黃色】1 顆米粒大小的分量、【橘
　色】2 顆米粒大小的分量

準備器具

平盤 2 個（寬約 15cmx 長約
20cm）、市售壓模型（大、小
圓型、三角型）

作法（以淡粉紅色作為示範例子）

1　製作寒天液（P.10）。將分量均分成兩份，分別倒入兩個平盤中，一份染成淡
　　粉紅色，另一份染成淡綠色，常溫放置約 2 小時左右。

2　先在淡粉紅色的寒
　　天凍上壓出圓型，再
　　利用三角型模具的
　　角壓出兩個鋸齒狀。

3　在淡綠色寒天凍上做
　　出兩個小圓後，用圓
　　型模具在小圓的一部
　　分壓出葉子的形狀。

4　於常溫下令其自然
　　風乾 5 天左右。

Butterfly

蝴蝶

以繽紛的大理石花紋表現蝴蝶的優雅姿態。

BUTTERFLY

材料

基本的寒天液（P.6）

食用色素…【紫色】2顆米粒
大小的分量

※ 若是要做成淺粉紅色、淺橘紅、淺
藍色 x 淺黃色，則需【粉紅色、橘
色、藍色、黃色】各1顆米粒大小
的分量

準備器具

平盤1個（寬約15cmx長約
20cm）、市售壓模型（蝴蝶造型）

作法（以藍色作為示範例子）

1 製作寒天液（P.10）。僅使用一半的量，倒入平盤中。

2 用藍色製作出大理石花紋的琥珀糖（P.15）。

3 使用市售壓模型，壓製出蝴蝶的形狀。

4 於常溫下令其自然風乾5天左右。

> **TIPS**
>
> 製作大理石花紋時，
> 透明部分留多一點，
> 做好的成品就會很漂亮。

Ladybug, Clover, Tree

瓢蟲、幸運草、樹木

與綠色相映襯的瓢蟲能帶來幸運，
只需將配件接合便能簡單完成的琥珀糖。

LADYBUG

材料

基本的寒天液（P.6）
食用色素…【紅色、黑色】
各 3 顆米粒大小的分量

準備器具

平盤 2 個（寬約 15cmx 長約
20cm）、市售壓模型（大、小圓型）、
刀子、細吸管

作法

1　製作寒天液（P.10）。將分量均分成兩份，分別倒入兩個平盤中，一份染成紅色，另一份染成黑色，常溫放置約 2 小時左右。

2　使用大的圓型壓模型，在紅色寒天凍上壓出圓型，接著從上部裁掉 1/4。

3　使用壓模型壓出小的黑色圓型，疊在作法 2 上，並切除重疊的部分。

4　將作法 2 與作法 3 接合起來。用吸管在紅色寒天凍上製作出圓點（P.14）。

5　將吸管壓出來的黑色圓點填入紅色凹洞中，於常溫下令其自然風乾 5 天左右。

CLOVER

材料

基本的寒天液（P.6）
食用色素…【綠色】各 2 顆米粒大小的分量

準備器具

平盤 1 個（寬約 15cmx 長約
20cm）、市售壓模型（心型）

作法

1　製作寒天液（P.10）。僅使用一半的分量，倒入平盤中，染成淡綠色，常溫放置約 2 小時左右。

2　使用市售壓模型，壓製出 4 個心形。

3　將 4 個心形尾端往中心靠攏黏合起來，於常溫下令其自然風乾 5 天左右。

TREE

材料

基本的寒天液（P.6）
食用色素…【綠色、褐色】各 2 顆米粒大小的分量

※※ 若是要做成深綠色，則需【綠色】2 顆米粒大小的分量、【藍色】1 顆米粒大小的分量

準備器具

平盤 2 個（寬約 15cmx 長約
20cm）、市售壓模型（三角型）、
刀子

作法（以淺綠色作為示範例子）

1　製作寒天液（P.10）。將分量均分成兩份，分別倒入兩個平盤中，一份染成淡綠色，另一份染成淡褐色，常溫放置約 2 小時左右。

2　使用市售壓模型，壓製出 3 個三角形。將其中 2 個三角形裁掉 1/3。

3　用淡褐色的寒天凍做出樹幹，與作法 2 接合起來，於常溫下令其自然風乾 5 天左右。

27

mushroom

菇菇

讓可愛的圓形蘑菇躍身成為流行的造型圖樣。

DOT

↓

材料

基本的寒天液（P.6）

食用色素…【紅色】3 顆米粒大小的分量

※ 若是要做成淡藍色，則需【藍色】2 顆米粒大小的分量

準備器具

平盤 2 個（寬約 15cmx 長約 20cm）、書末的型紙
（P.65）、筆刀、粗吸管

作法（以紅色作為示範例子）

1　製作寒天液（P.10）。將分量均分成兩份，分別
　　倒入兩個平盤中，其中一份染成紅色，常溫放置
　　約 2 小時左右。

2　使用書末的型紙，在
　　紅色的寒天凍上用筆
　　刀切割出傘蓋。

3　在作法 2 上用吸管壓
　　出圓點（P.14）。以
　　同樣的方式，在透明
　　寒天凍上壓出圓點。

4　將壓出的透明圓點填
　　入紅色凹洞中。

5　使用書末的型紙，用
　　透明的寒天凍做出傘
　　柄，與傘蓋接合起來，
　　於常溫下令其自然風
　　乾 5 天左右。

MOSAIC

↓

材料

基本的寒天液（P.6）

食用色素…【紅色】3 顆米粒大小的分量

準備器具

平盤 2 個（寬約 11cmx 長約 18cm）、書末的型紙
（P.65）、筆刀

作法

1　作寒天液（P.10）。鍋子裡剩下 1/3 的分量，其
　　餘均分成兩份，分別倒入兩個平盤中，其中一份
　　染成紅色，常溫放置約 2 小時左右。

2　用作法 1 製作而成的紅色寒天凍來製作出馬賽克
　　圖樣的琥珀糖（P.15）。

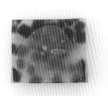 

3　使用書末的型紙，對
　　準要貼的位置貼上
　　去。

4　用筆刀裁出傘蓋的形
　　狀。

5　使用書末的型紙，用
　　透明寒天凍做出傘柄
　　的部分。

6　將作法 4 與作法 5
　　接合起來，於常溫下
　　令其自然風乾 5 天
　　左右。

Mt.Fuji

富士山

以鋸齒狀覆蓋山頂的白雪，
是現代日本的代表性主題。

材料

基本的寒天液（P.6）
食用色素…【粉紅色】3 顆米粒
大小的分量
※ 若是要做成紫色、灰色，則需【紫色】
3 顆米粒大小的分量、【黑色】1 顆
米粒大小的分量

準備器具

平盤 2 個（寬約 15cmx 長約
20cm）、書末的型紙（P.65）、
筆刀

作法（以粉紅色作為示範例子）

1　製作寒天液（P.10）。將分量均分成兩份，分別倒入兩個
平盤中，其中一份染成粉紅色，常溫放置約 2 小時左右。

2　使用書末的型紙，在粉紅
色的寒天凍上用筆刀裁出
山的形狀，並在透明的寒
天凍上裁出雪的形狀。

3　將作法 2 接合起來，於
常溫下令其自然風乾 5
天左右。

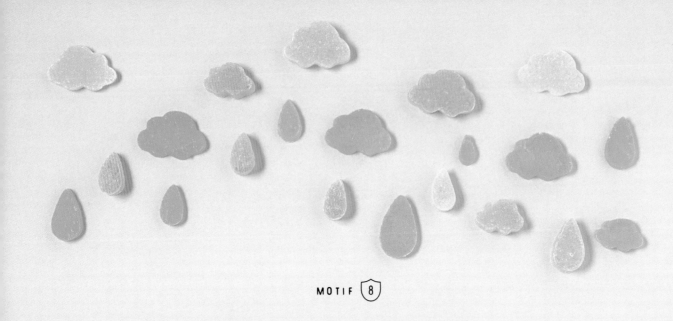

Drop & Cloud

水滴 & 雲

用滴落的水珠、
朵朵的雲兒壓製出天空可愛的模樣。

材料

基本的寒天液（P.6）
食用色素…【藍色】1 顆米粒大
小的分量
※ 若是要做成其他藍色，請調整食用色
　素分量以製造深淺濃淡。

準備器具

平盤 1 個（寬約 15cm x 長約
20cm）、市售壓模型（水滴造型、
雲朵造型）、筆刀

作法（以淺藍色作為示範例子）

1　製作寒天液（P.10）。僅使用一半的量，倒入平盤中，
　染成淺藍色，常溫放置約 2 小時左右。

2　使用市售壓模型，壓製
　出雲朵的形狀。

3　使用市售壓模型，壓製
　出水滴形狀，分別於常
　溫下令其自然風乾 5 天
　左右。

Creatures of the Sea

海洋生物

希望用五顏六色增加許多同伴，
以人魚般的夢幻色彩和裝飾材料來突顯彼此的差別。

STARFISH

SHELL

JELLYFISH

FISH

STARFISH

SHELL

材料

基本的寒天液（P.6）
食用色素…【紫色】1 顆米粒大小的分量
銀珠糖…適量
※ 若是要做成淺橘色，則需【橘色】1 顆米粒大小的分量

準備器具

平盤 1 個（寬約 15cmx 長約 20cm）、書末的型紙
（P.67）、筆刀、筷子

作法（以淺紫色作為示範例子）

| 製作寒天液（P.10）。僅使用一半的量，倒入平
盤中，染成淺紫色，常溫放置約 2 小時左右

2  使用書本的型紙，用
筆刀裁出海星的形
狀。

3  在作法 2 上排上銀
珠糖。

4  於常溫下令其自然風
乾 5 天左右。

材料

基本的寒天液（P.6）
食用色素…【粉紅色】1 顆米粒大小的分量
彩糖珠…適量
※ 若是要做成淺黃色，則需【黃色】1 顆米粒大小的分量

準備器具

平盤 1 個（寬約 15cmx 長約 20cm）、書末的型紙
（P.67）、筆刀、筷子

作法（以淺粉紅色作為示範例子）

| 製作寒天液（P.10）。僅使用一半的量，倒入平
盤中，染成淺粉紅色，常溫放置約 2 小時左右。

2  使用書本的型紙，用
筆刀裁出貝殼的形
狀。

3  在作法 2 上排上彩
糖珠。

4  於常溫下令其自然風
乾 5 天左右。

FISH

↓

材料
基本的寒天液（P.6）
食用色素…【黃色】2 顆米粒大小的分量
※ 若是要做成淺粉紅色、淺藍色，則需【粉紅色、藍色】1 顆米
　粒大小的分量

準備器具
平盤 1 個（寬約 15cm x 長約 20cm）、書末的型紙
（P.67）、筆刀

作法（以淡黃色作為示範例子）
Ⅰ　製作寒天液（P.10）。僅使用一半的量，倒入平
　　盤中，染成淡黃色，常溫放置約 2 小時左右。

2

使用書本的型紙，用
筆刀裁出魚的形狀。

3
於常溫下令其自然風
乾 5 天左右。

TIPS
收窄的部分容易切斷，裁切
時要小心。

JELLYFISH

↓

材料
基本的寒天液（P.6）
食用色素…【藍色】3 顆米粒大小的分量、【綠色】2
顆米粒大小的分量

準備器具
平盤 3 個（寬約 11cm x 長約 18cm）、書末的型紙
（P.67）、筆刀

作法
Ⅰ　製作寒天液（P.10）。鍋子裡剩下 1/3 的分量，
　　其餘的均分成兩份，分別倒入兩個平盤中，一份
　　染成藍色，另一份染成淡綠色，常溫放置約 2 小
　　時左右。
2　用作法 Ⅰ 的材料製作出馬賽克圖樣的琥珀糖
　　（P.15）。

3
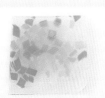
使用書末的型紙，對
準要貼的位置貼上
去。

4

用筆刀裁出水母的形
狀。

5

於常溫下令其自然風
乾 5 天左右。

Apple & Pineapple

蘋果&香蕉

試試看用清新的顏色做出沁人心脾的水果主題吧。

APPLE

材料

基本的寒天液（P.6）
食用色素…【紅色】3 顆米粒大小的分量、【綠色】2 顆米粒大小的分量

準備器具

平盤 2 個（寬約 15cmx 長約 20cm）、書末的型紙（P.69）、市售壓模型（小圓型）、筆刀

作法

1 製作寒天液（P.10）。將分量均分成兩份，分別倒入兩個平盤中，一份染成紅色，另一份染成淡綠色，常溫放置約 2 小時左右。

2 使用市售的圓形壓模型，在淡綠色的寒天凍上壓出圓形。

3 用圓形壓模型繼續在圓的一部分壓出葉子的形狀。

4 使用書末的型紙，用筆刀裁出蘋果的形狀。

5 將作法 3 與作法 4 接合起來，於常溫下令其自然風乾 5 天左右。

PINEAPPLE

材料

基本的寒天液（P.6）
食用色素…【黃色、綠色】各 3 顆米粒大小的分量、【褐色】3 顆米粒大小的分量

準備器具

平盤 3 個（寬約 11cmx 長約 18cm）、書末的型紙（P.69）、筆刀

作法

1 製作寒天液（P.10）。鍋子裡剩下 1/3 的分量，其餘的均分成兩份，分別倒入兩個平盤中，一份染成淡褐色，另一份染成綠色，常溫放置約 2 小時左右。

2 轉小火將鍋子裡剩餘的 1/3 煮至溶解，染成黃色，使用淡褐色的寒天凍製作出馬賽克圖樣的琥珀糖（P.15）。

  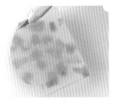 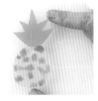

3 使用書末的型紙，在綠色的寒天凍上裁切出葉子的形狀。

4 使用書末的型紙，對準位置放上果實的形狀。

5 用筆刀裁出果實的形狀。

6 將作法 3 與作法 5 接合起來，於常溫下令其自然風乾 5 天左右。

Ice Cream Bar

冰棒

用淺色的可愛橫條紋做成清涼消暑的甜點。

ICE CREAM BAR

材料

基本的寒天液（P.6）
食用色素…【粉紅色、褐色】
各 2 顆米粒大小的分量
※ 若是要做成淺綠色，則需【綠色】
　1 顆米粒大小的分量

準備器具

平盤 2 個（寬約 15cmx 長約
20cm）、小型容器、書末的型
紙（P.71）、筆刀

作法（以淡粉紅色作為示範例子）

1　製作寒天液（P.10）。將少量的寒天液倒入容器中，染成褐色。剩下的一半分量倒入平盤中，染成淡粉紅色，常溫放置約 2 小時左右。

2　使用作法1的材料製作出橫條紋圖樣的琥珀糖（P.14）。

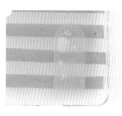

3　使用書末的型紙，對準要貼的位置貼上去。

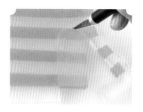

4　用筆刀裁切出冰的部分。

5　用褐色的寒天凍製作冰棒棍，與作法4接合起來，於常溫下令其自然風乾5天左右。

MOTIF ⑫ *Candy*

糖果

永不退流行的經典糖果造型，
拿來送禮最適合不過！

CANDY

材料

基本的寒天液（P.6）

食用色素…【藍色、黃色】各
3 顆米粒大小的分量

※ 若是要做成紅色、綠色、粉紅色，
　則需【紅色、綠色、粉紅色】各 3
　顆米粒大小的分量

準備器具

平盤 2 個（寬約 15cmx 長約
20cm）、市售壓模型（心型、
小圓型）

作法（以藍色 x 黃色作為示範例子）

1　製作寒天液（P.10）。將分量均分成兩份，
　　分別倒入兩個平盤中，一份染成藍色，另
　　一份染成黃色，常溫放置約 2 小時左右。

TIPS

接著部分容易鬆脫，務必使
其充分乾燥。

2　使用市售壓模型，壓
　　製出兩個心形。

3　將作法 2 的尾端對尾
　　端擺好後，再將市售
　　的圓形壓模型壓入。

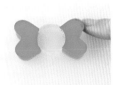

4　以同樣形狀的壓模型
　　在黃色的寒天凍上壓
　　出圓形，與作法 3 接
　　合起來，於常溫下令
　　其自然風乾 5 天左右。

MOTIF 13

Lipstick, Lip, High Heels

口紅、紅唇、高跟鞋

淑女風貌的主題就用強烈的顏色來突顯。

LIPSTICK

材料
基本的寒天液（P.6）
食用色素…【紅色、黑色】各 4
顆米粒大小的分量

準備器具
平盤 2 個（寬約 15cmx 長約 20cm）、
市售壓模型（大、小長方型）、刀子

作法

1　製作寒天液（P.10）。將分量均分成兩份，分別倒入兩個平盤中，一份染成紅色，另一份染成黑色，常溫放置約 2 小時左右。

2　使用尺寸較小的長方形壓模型，在紅色和黑色的寒天凍上壓出形狀。

3　用刀子在作法 2 的紅色寒天凍前端斜切一角。

4　使用較作法 2 的長方形為大的壓模型，在黑色的寒天凍上壓製出形狀，將作法 2 與作法 3 接合起來。

5　於常溫下令其自然風乾 5 天左右。

LIP

材料
基本的寒天液（P.6）
食用色素…【紅色】4 顆米粒大小的分量

準備器具
平盤 1 個（寬約 15cmx 長約 20cm）、市售壓模型（唇印造型）

作法（以紅色作為示範例子）

1　製作寒天液（P.10）。僅使用一半的量，倒入平盤中，染成紅色，常溫放置約 2 小時左右。

2　使用市售壓模型，壓製出唇印的形狀。

3　於常溫下令其自然風乾 5 天左右。

HIGH HEELS

材料
基本的寒天液（P.6）
食用色素…【紅色】4 顆米粒大小的分量

準備器具
平盤 1 個（寬約 15cmx 長約 20cm）、書末的型紙（P.71）、筆刀

作法

1　製作寒天液（P.10）。僅使用一半的量，倒入平盤中，染成紅色，常溫放置約 2 小時左右。

2　使用書末的型紙，用筆刀裁出高跟鞋的形狀。

3　於常溫下令其自然風乾 5 天左右。

Mustache & Tie

鬍子 & 領帶

鬍子和領帶的組合是父親節會想送的禮物主題。

MUSTACHE

↓

材料

基本的寒天液（P.6）
食用色素…【黑色】3 顆米粒大小的分量
※ 若是要做成淡褐色，則需【褐色】2 顆米粒大小的分量

準備器具

平盤 1 個（寬約 15cmx 長約 20cm）、
市售壓模型（鬍子造型）

作法（以黑色作為示範例子）

1 製作寒天液（P.10）。僅使用一半的量，倒入平盤中，染成黑色，常溫放置約 2 小時左右。

2
使用市售壓模型，在黑色的寒天凍上壓出鬍子的形狀。

3
於常溫下令其自然風乾 5 天左右。

TIPS ▪ ▬ ◆ ▼

壓模型只要事先泡水備用，琥珀糖即可順利脫模。

TIE

↓

材料

基本的寒天液（P.6）
食用色素…【藍色】3 顆米粒大小的分量
※ 若是要做成紫色，則需【紫色】3 顆米粒大小的分量

準備器具

平盤 2 個（寬約 15cmx 長約 20cm）、
書末的型紙（P.71）、筆刀

作法（以藍色作為示範例子）

1 製作寒天液（P.10）。鍋子裡留一半分量的寒天液，剩下的一半倒入平盤中，染成藍色，常溫放置約 2 小時左右。

2 使用作法 I 製作成橫條紋圖樣的琥珀糖（P.14）。

3
使用書末的型紙，對準要貼的位置貼上去。

4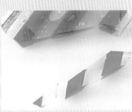
用筆刀裁出領帶的形狀。

5
於常溫下令其自然風乾 5 天左右。

Crescent & Shooting Star

新月 & 流星

琥珀糖的透明感與夜空中綻放光芒的星月相互輝映。

CRESCENT

材料

基本的寒天液（P.6）
食用色素…【黃色】2 顆
米粒大小的分量

準備器具

平盤 1 個（寬約 15cmx 長約
20cm）、市售壓模型（圓型）

作法

1　製作寒天液（P.10）。僅使用一半的量，倒入平盤中，染成淡黃色，常溫放置約
　　2 小時左右。

2　使用市售壓模型，在
　　淡黃色的寒天凍上壓
　　出圓形。

3　接著用同樣的壓模型
　　在作法 2 上壓出新月
　　的形狀。

4　於常溫下令其自然風
　　乾 5 天左右。

SHOOTING STAR

材料

基本的寒天液（P.6）
食用色素…【黃色】2 顆
米粒大小的分量
銀珠糖…適量

準備器具

平盤 2 個（寬約 15cmx 長約
20cm）、書末的型紙（P.75）、
筆刀、筷子

作法

1　製作寒天液（P.10）。將分量均分成兩份，分別倒入兩個平盤中，其中一份染成
　　淡黃色，常溫放置約 2 小時左右。

2　使用書末的型紙，在
　　透明的寒天凍上裁出
　　尾巴的形狀。

3　在淡黃色的寒天凍上
　　裁出星星的形狀，與
　　作法 2 接合起來。

4　在尾巴的部分排上銀
　　珠糖，於常溫下令其
　　自然風乾 5 天左右。

MOTIF 16

Kiwi & Orange

奇異果 & 柳橙

多汁的圓片水果以富含維他命的色彩蔚為時尚。

KIWI

材料

基本的寒天液（P.6）
食用色素…【綠色】2顆米粒大小的分量
罌粟籽…適量

準備器具

平盤 2 個（寬約 15cmx 長約 20cm）、
市售壓模型（大、小圓型）、筷子

作法

1　製作寒天液（P.10）。將分量均分成兩份，分別倒入兩個平盤中，其中一份染成淡綠色，常溫放置約 2 小時左右。

2　用尺寸較大的圓形壓模型，在淡綠色的寒天凍上壓出圓形，接著用尺寸較小的圓形壓模型繼續在中心壓出圓形。

3　用作法 2 中尺寸較小的圓形壓模型，在透明的寒天凍上壓出圓形。

4　將作法 3 的透明寒天凍填入作法 2 的中心。

5　將罌粟籽鋪在顏色的分界處，於常溫下令其自然風乾 5 天左右。

ORANGE

材料

基本的寒天液（P.6）
食用色素…【橘色】3顆米粒大小的分量
糖霜…適量

※ 若是要做成淡橘色，則需【橘色】2顆米粒大小的分量

準備器具

平盤 1 個（寬約 15cmx 長約 20cm）、
市售壓模型（大圓型）、烘焙紙（擠糖霜用的）

作法（以橘色作為示範例子）

1　製作寒天液（P.10）。僅使用一半的量，倒入平盤中，染成橘色，常溫放置約 2 小時左右。

2　使用市售壓模型，在橘色的寒天凍上壓製出圓形，於常溫下令其自然風乾 5 天左右。

3　用糖霜在作法 2 的外圍繪出一圈邊框（P.18）。

4　在作法 3 的圓內畫 3 條直線。

5　在中心畫出橘子籽，於常溫下令其自然風乾半天左右。

MOTIF 17

Cupcake

杯子蛋糕

人魚色的蓬鬆奶油上施以些許的
裝飾點綴，集甜美於一身。

材料

基本的寒天液（P.6）

食用色素…【粉紅色、黃色】各 3 顆米粒大小的分量、
【褐色】2 顆米粒大小的分量　彩糖珠…適量

※ 若是要做成淡綠色 × 淡紫色，則需【綠色、紫色】各 2 顆米
　粒大小的分量

準備器具

平盤 1 個（寬約 15cm x 長約 20cm）、2 個較小的容器、
書末的型紙（P.73、有兩種形狀）、筆刀

作法（以粉紅色作為示範例子）

1　製作寒天液（P.10）。將一半的量倒入平盤中，
　　染成粉紅色，剩下的量均分成兩份，分別倒入兩
　　個容器中，一份染成褐色，另一份染成黃色，常
　　溫放置約 2 小時左右。

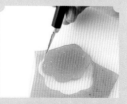

2　使用書末的型紙，在
　　粉紅色的寒天凍上裁
　　出奶油的形狀。

3　在褐色的寒天凍上裁
　　出海綿蛋糕的形狀。

4　在黃色的寒天凍上裁
　　出星星的形狀，將作
　　法 2 與作法 3 接合
　　起來。

5　在奶油部分撒上彩糖
　　珠，於常溫下令其自
　　然風乾半天左右。

MOTIF 18

Doughnut
甜甜圈

利用裝飾材料收尾，
打造成更時髦的琥珀糖吧。

DOUGHNUT

材料
基本的寒天液（P.6）
食用色素⋯【褐色】2 顆米粒
大小的分量　彩糖針、彩糖
珠⋯適量
※ 若是要做成淺粉紅色、淺綠色，
　則需【粉紅色、綠色】各 1 顆米粒
　大小的分量

準備器具
平盤 2 個（寬約 15cmx 長約
20cm）、市售壓模型（橢圓
型、圓型）、粗吸管、筷子

作法（以透明色作為示範例子）

1　製作寒天液（P.10）。將分量均分成兩份，
　分別倒入兩個平盤中，其中一份染成淡褐
　色，常溫放置約 2 小時左右。

TIPS
只需選擇寬度大致相同的
模具，即圓形和橢圓形底
座。

2　使用市售壓模型，在
　透明的寒天凍上壓製
　出橢圓形，接著用吸
　管在中心壓出圓形。

3　在淡褐色的寒天凍上
　壓出圓形，用作法 2
　中使用過的壓模型在
　頂端 1/2 的部分壓出
　橢圓形。

4　將作法 2 與作法 3 接
　合起來，在頂部放上
　彩糖針裝飾，於常溫
　下令其自然風乾 5 天
　左右。

49

watermelon
西瓜

只需要多做這一步，
就能製作出完整的西瓜片。

WATERMELON

↓

材料

基本的寒天液（P.6）

食用色素…【紅色、綠色】各 3 顆米粒大小的分量　黑芝麻…適量

※ 若是要做成黃色，則需【黃色】3 顆米粒大小的分量

準備器具

1 個 500ml 的牛奶盒、較大的容器、剪刀、釘書機、較深的容器、筷子、刀子

作法（以紅色作為示範例子）

1　製作寒天液（P.10）。鍋子裡剩下 1/3 的分量，將 2/3 倒入較大的容器中，染成紅色。將鍋子裡剩餘 1/3 的寒天液染成綠色。

2　參照 P.17，拆開牛奶盒。

3　組成一個三角形。

4　將作法 3 放在有深度的容器上，裡頭倒入紅色的寒天液，常溫放置約 1 小時左右。

5　轉小火，讓餘留在鍋子裡的綠色寒天凍溶解，倒入作法 4 上，常溫放置約 2 小時左右。

6　撕開模型的一邊確認凝固情況。不易凝凍時，可用保鮮膜包覆放進冷藏庫中。

7　將琥珀糖從牛奶盒中取出來放在砧板上，切成 1cm 左右的厚度。

8　黑芝麻均勻排在切好的琥珀糖上。

9　於常溫下令其自然風乾半天左右。

TIPS

紅色部份若不夠緊實便無法形成漂亮的上下 2 層，請用手指摸摸看確認一下硬度。

Rose

玫瑰花

由三角形組合而成的浪漫主題。

ROSE

↓

材料

基本的寒天液（P.6）

食用色素…【黃色】3 顆米粒大小的分量

【綠色】2 顆米粒大小的分量

※ 若是要做成淺粉紅色，則需【粉紅色】1 顆米粒大小的分量

準備器具

平盤 2 個（寬約 15cm x 長約 20cm）、市售壓模型（六角型）、刀子

作法（以黃色作為示範例子）

1　製作寒天液（P.10）。將分量均分成兩份，分別倒入兩個平盤中，一份染成黃色，另一份染成淡綠色，常溫放置約 2 小時左右。

2　使用市售壓模型，在黃色的寒天凍上壓製出六角形，依照圖片的提示進行裁切。虛線部分也要切開。

3　將作法 2 的小三角片置於中心，作法 2 的其他三角片以隨機方式在周圍接合起來。

4　與淡綠色寒天凍做成的葉子（P.24）接合起來，於常溫下令其自然風乾 5 天左右。

Hydrangea

繡球花

將分切成骰子狀的琥珀糖巧妙地組合起來。

材料

基本的寒天液（P.6）
食用色素…【藍色】3 顆米粒大小的分量
【綠色】1 顆米粒大小的分量
※ 若是要做成淺綠色，則需【綠色】1 顆米粒大小的分量

材料

平盤 3 個（寬約 11cm x 長約 18cm）、尺、刀子、布巾

作法（以黃色作為示範例子）

1　製作寒天液（P.10）。將分量均分成三份，分別倒入三個平盤中，一份不染色（透明），一份染成藍色，另一份染成淺綠色，常溫放置約 2 小時左右。

2　用淺綠色寒天凍製作葉子（P.24）。

3

將藍色和透明的寒天凍切成 5mm 見方的骰子。

4

用沾濕後擰乾的布巾，將作法 3 包成一團。

5

依個人喜好放上切成骰子狀的黃色寒天凍（分量外），於常溫下令其自然風乾 5 天左右。

可以點綴在甜點或飲料上的
琥珀糖的活用食譜

無論是顏色還是形狀都可愛極了的琥珀糖，是用途多廣的裝飾材料。不妨試著製作出偏好的顏色和形狀的琥珀糖，創作出自己的私藏食譜吧。（使用 P.77 的型紙）

點綴於
冰淇淋上

琥珀糖與冰涼甜點搭配起來最天衣無縫。色調柔和的琥珀糖，能使清涼感倍增。只要撒上小巧的琥珀糖，或是將主題擺在旁邊，就能可愛地完成。也推薦點綴在口感爽脆的剉冰上。

飄浮在
水果潘趣酒中

就連容易偏向某種顏色的潘趣酒，只需要用上琥珀糖，瞬間就能變成色彩鮮艷的甜點。琥珀糖碰到水後會從表面開始溶化，口感變得 Q 彈，可以品嚐到琥珀糖的另一種口感。

擺在
飲料旁邊做點綴

使用書末的「蝴蝶造型」的型紙製作出琥珀糖，待表面風乾結晶後，放在玻璃杯的杯緣上，就能營造出熱帶水果茶氣息的華麗飲料。可以用這一品享受美好的午茶時光。

希望拿來當作禮物的
琥珀糖

想把自己親手做的東西分享給別人也是
製作糕點的醍醐味之一。蘊藏意涵的主
題藉由琥珀糖做出來，越能將心意傳達
出去。

MOTIF ㉒

Balloon message
對話框裡的訊息

除了平日感謝的話語之外，
光是符號也能成為獨特的圖樣。

BALLOON

材料

基本的寒天液（P.6）
食用色素…【藍色】1 顆米粒大小的分量
糖霜…適量
※ 若是要做成淡黃色、淡粉紅色，則需【黃色、粉紅色】各 2 顆米粒大小的分量

準備器具

平盤 1 個（寬約 15cmx 長約 20cm）、市售壓模型（對話框）、烘焙紙（擠糖霜用的）

作法（以淺藍色作為示範例子）

1　製作寒天液（P.10）。僅使用一半的量，倒入平盤中，染成淺藍色，常溫放置約 2 小時左右。

2　使用市售壓模型，壓製出對話框的形狀，於常溫下令其自然風乾 5 天左右。

3　使用糖霜書寫下文字（P.18），於常溫下令其自然風乾半天左右。

MOTIF (23)

Heart Message
愛的訊息

把情意寄於愛心。
光是沿著心形邊緣描繪一圈也很可愛。

材料

基本的寒天液（P.6）
食用色素…【藍色、粉紅色】各
1 顆米粒大小的分量
糖霜…適量

準備器具

平盤 3 個（寬約 11cmx 長約
18cm）、市售壓模型（心型）、
烘焙紙（擠糖霜用的）

TIPS ■ ─ ◀ ▼

壓模時將橫條紋斜擺，就
能做出可愛的成品。

作法

1　製作寒天液（P.10）。鍋子裡剩下 1/3 的分量，其餘的均
　分成兩份，一份染成淺藍色，另一份染成淺粉紅色，常溫
　放置約 2 小時左右。

2　使用作法I的材料製作出 3 色橫條紋圖樣的琥珀糖（P.14）。

3　使用市售壓模型，在寒
　天凍上壓出心形，於常
　溫下令其自然風乾 5 天
　左右。

4　用糖霜（P.18）沿著邊緣
　描繪一圈並寫下文字，
　於常溫下令其自然風乾
　半天左右。

ALPHABET

↓

以琥珀糖點亮送給重要的人的話語。

材料

基本的寒天液（P.6）

食用色素…【粉紅色】3 顆米粒大小的分量

彩糖珠…適量

※ 若是要做成馬賽克圖樣，則需【黃色、綠色】各 3 顆米粒
大小的分量【粉紅色、藍色】各 2 顆米粒大小的分量

準備器具

平盤 1 個（寬約 15cm x 長約 20cm）、4 個較小
的容器、市售壓模型（英文字母）、書末的型紙
（P.79）、筷子

作法（以粉紅色作為示範例子）

1 製作寒天液（P.10）。僅使用一半的量，倒入
平盤中，染成粉紅色，常溫放置約 2 小時左
右。

2 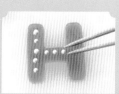 使用市售壓模型壓出
字母的形狀，彩糖珠
以直線排列，於常
溫下令其自然風乾 5
天左右。

作法（以馬賽克圖樣作為示範例子）

1 製作寒天液（P.10）。鍋子裡剩下一半的分量，
其餘的均分成四份，分別倒入四個平盤中，各
別染上顏色，常溫放置約 2 小時左右。

2 使用作法 1 的材料製作出馬賽克圖樣的琥珀糖
（P.15）。

3 使用書末的型紙，裁切出英文字母的形狀。於
常溫下令其自然風乾 5 天左右。

TIPS ■ ━ ◀| ◀

要把字寫得漂亮，訣竅在於
讓糖霜的質地硬一點。

Number

英文字母 & 數字

NUMBER

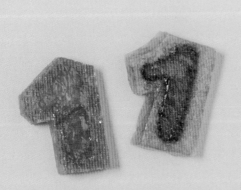

材料

基本的寒天液（P.6）

食用色素…【藍色、粉紅色】各 3 顆米粒大小的分量

※ 若是要做成紅色、藍色，則需要【紅色、藍色】各 3 顆米粒大小的分量

準備器具

平盤 1 個（寬約 15cm x 長約 20cm）、較小的容器、市售壓模型（數字）、刀子

作法（以藍色作為示範例子）

1　製作寒天液（P.10）。將一半的量倒入平盤中，染成藍色，常溫放置約 2 小時左右。預留在鍋子裡一半分量的寒天液，染成粉紅色，隔水加熱備用。

2　 使用市售壓模型在藍色的寒天凍壓出數字形狀，反過來放入容器中。將隔水加熱好的粉紅色寒天液倒入盤中。

3　 倒入能將數字整個淹過的量之後，常溫放置約 2 小時左右。

4　 從容器中取出，以框起數字的方式裁剪出來。於常溫下令其自然風乾 5 天左右。

Card

字卡

如果是表層呈現漂亮結晶的卡片，彷彿可以想像對方收到時開心的表情…

CARD

材料

基本的寒天液（P.6）
食用色素⋯【紅色】3 顆米粒
大小的分量
糖霜⋯適量
※ 若是要做成淡藍色，則需要【藍色】
2 顆米粒大小的分量

準備器具

平盤 2 個（寬約 15cm x 長約
20cm）、市售壓模型（心型）、
刀子、烘焙紙（擠糖霜用的）

作法（以淡藍色作為示範例子）

1　製作寒天液（P.10）。染成淡藍色，常溫放置約 2 小時左右。用刀子裁切出寬約 5cm x 長約 7 cm 的長方形。

2　於常溫下令其自然風乾 5 天左右後，用糖霜寫下文字或描繪裝飾圖案，令其自然風乾半天左右。

作法（以白色作為示範例子）

1　製作寒天液（P.10）。將分量均分成兩份，分別倒入兩個平盤中，其中一份染成紅色，常溫放置約 2 小時左右。

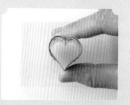

2　以刀子在透明的寒天凍上裁切出寬約 5cm x 長約 7 cm 的長方形，接著在中心壓出心形。

3　用同形狀的壓模型，在紅色寒天凍上壓出愛心，填入作法 2 的中心，於常溫下令其自然風乾 5 天左右。

4　用糖霜沿著心形外框描繪出一圈邊線，接著畫出兩條直線。於常溫下令其自然風乾半天左右。

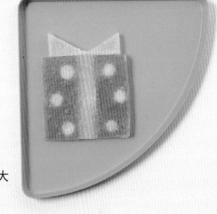

Present

礼物

適合於紀念日的禮物，包裝就用大大的蝴蝶結來表現可愛情調。

PRESENT

➡

材料

基本的寒天液（P.6）

食用色素…【粉紅色】2 顆米粒大小的分量

※ 若是要做成淡橘色、淡藍色，則需要【橘色、藍色】各 2 顆米粒大小的分量

準備器具

平盤 2 個（寬約 15cmx 長約 20cm）、書末的型紙（P.79）、筆刀、吸管、尺

作法（以淡粉紅色作為示範例子）

1　製作寒天液（P.10）。將分量均分成兩份，分別倒入兩個平盤中，其中一份染成淡粉紅色，常溫放置約 2 小時左右。

2　使用書末的型紙，在透明的寒天凍裁切出蝴蝶結緞帶的形狀，剩下的用吸管壓出圓形。只要讓長方形和蝴蝶結緞帶的長度吻合，就可以改變形狀。

3　使用書末的型紙，裁切成長方形後，再切割成兩半。

4　將作法 2 與作法 3 接合起來，用吸管在淡粉紅色的部分壓出圓片。

5　將在作法 2 中壓出來的小圓片填入作法 4 中。於常溫下令其自然風乾 5 天左右。

賞心悅目、具裝飾性、
有趣又好玩的
琥珀糖的包裝方法

因為琥珀糖如寶石般迷人，所以想讓它被許多人看見。琥珀糖一口氣就能做出許多，自然想要分送給別人。以下就替大家介紹活用琥珀糖特性的包裝法。

\\ 可用於生日或聖誕節的佈置 /

用琥珀糖作成的
裝飾樹

[材料] 保麗龍（圓錐形）、PP 袋（透明塑膠袋）、釘書機、大頭針、蝴蝶結

[作法] 將琥珀糖放入 PP 袋中，用釘書機釘合。為了避免裝有琥珀糖的 PP 袋疊在一塊，用大頭針固定在保麗龍上。於頂端綁上蝴蝶結。

POINT

也建議在一個 PP 袋中裝入一些小的琥珀糖。您可以在與孩子玩耍的同時製作它。

\ 也能活用於派對裝飾上 //

琥珀糖彩旗

[材料] 刺繡線、PP 袋、透明膠帶

[作法] ①三角形的琥珀糖頂點朝下放入 PP 袋底部，將上部往下摺以包住刺繡線。②多餘的部分配合琥珀糖的形狀往內摺，以透明膠帶固定。③兩端剩餘的刺繡線，以透明膠帶固定在牆壁等想裝飾的地方。

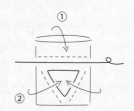

因為作法簡單，自然就想做出很多的琥珀糖 /

\\ ## 糖果包裝的琥珀糖

[材料] PP 袋、束口條

[作法] 將琥珀糖放入 PP 袋中，袋子內保留一些空間，用束口條封口。另一邊也是一樣的作法，剪去兩端。調整形狀，讓中間呈現膨脹。

遇到這種狀況該怎麼辦？
琥珀糖的 Q & A

琥珀糖是製作過程細膩的日式甜點。無論是過度攪拌或過度烹煮，都會造成成品上很大的差異。遵守分量、順序與要點，做出外觀及味道都滿意的琥珀糖吧。

Q 寒天液在倒入平盤之前就凝固了，該怎麼辦？

A 琥珀糖置於室溫會逐漸凝固，隔水加熱後就能變軟。完全凝固時，請重新熱至融化。重複加熱會使水分蒸發，需要適當補充水分來調整比例。

? . ! . ? . ! . ? . !

Q 為何琥珀糖沒有凝固硬化，而是呈現水飴狀態？

A 琥珀糖放置於冷藏庫中一個晚上也沒有凝固，可能的原因包括：在寒天絲融化前加入砂糖、加入砂糖熬煮時過度攪拌、加入太多的染料、琥珀糖尚有餘溫時就加入帶有酸度的飲料等等。

? . ! . ? . ! . ? . !

Q 琥珀糖顏色變得混濁…

A 寒天原本呈現白色半透明狀，可藉由加入砂糖煮融變成透明狀。加入的砂糖量過少，或是寒天液過度攪拌，就有可能呈現白濁色。

? . ! . ? . ! . ? . !

Q 無法順利從平盤中取出琥珀糖。

A 可將沾濕的刮刀或刀子放在琥珀糖與平盤之間，使空氣進入邊邊後再慢慢取出。

Q 使用型紙裁切時，很難用刀子切得漂亮。

A 請選擇小把又好握持的刀子。寒天因具有彈性，切的時候不是壓著往下切，而是以上下來回的方式，沿著型紙的邊緣線做切割。

? . ! . ? . ! . ? . !

Q 無法將琥珀糖順利黏在一塊…

A 可以將同顏色或透明的寒天液、水飴等材料塗在接著面試試看。

? . ! . ? . ! . ? . !

Q 琥珀糖遲遲無法結晶時該怎麼辦？

A 請放置於通風良好的地方使其乾燥。夏天或溫度高的季節置於冷漂或風扇旁，冬天置於加熱氣附近，結晶速度會比較快。

? . ! . ? . ! . ? . !

Q 琥珀糖吃起來有砂粒感…？

A 因熬煮不足或過度熬煮、放進冷藏庫保存幾天而變得乾燥等，砂糖結塊後，吃起來就會有砂粒感。

PROFILE

杉井 ステフェス 淑子
（すぎい すてふぇす としこ）

和菓子作家、網頁設計師。任職於 IT 企業網頁設計師期間邂逅了創作和菓子。深受表現出四季之美、歷史悠久、豐富且精緻的製菓技術所吸引，在許多教室、專門學校學習和菓子製作，並且取得菓子協會教師資格。目前在日本、美國從事客製化和菓子、開設和菓子教室、擔任日美協會推廣講師、展出作品等活動。以「怦然心動」「美味」「健康」作為創作的主軸。於 2015 年取得有機食品協調師。

http://kohakuto.com/

TITLE

甜蜜可愛琥珀糖

STAFF

出版	瑞昇文化事業股份有限公司
作者	杉井ステフェス淑子
譯者	劉蕙瑜
總編輯	郭湘齡
文字編輯	徐承義　蔣詩綺　陳亭安
美術編輯	孫慧琪
排版	曾兆珩
製版	印研科技有限公司
印刷	皇甫彩藝印刷股份有限公司
法律顧問	經兆國際法律事務所　黃沛聲律師
戶名	瑞昇文化事業股份有限公司
劃撥帳號	19598343
地址	新北市中和區景平路464巷2弄1-4號
電話	(02)2945-3191
傳真	(02)2945-3190
網址	www.rising-books.com.tw
Mail	deepblue@rising-books.com.tw
初版日期	2018年9月
定價	280元

國家圖書館出版品預行編目資料

甜蜜可愛琥珀糖 / 杉井ステフェス淑子作；劉蕙瑜譯. -- 初版. -- 新北市：瑞昇文化, 2018.09
80 面；21 x 22 公分
ISBN 978-986-401-273-2(平裝)

1.點心食譜 2.糖果

427.16　　　　　　　　　　　107014610

AMAKUTE KAWAII、TABERARERU HOUSEKI KOHAKUTOU NO RECIPE
Copyright © 2016 by Sugii Steffes Toshiko
Photographs by Ittetsu MATSUOKA
First published in Japan in 2016 by Ikeda Publishing, Inc.
Traditional Chinese translation rights arranged with PHP Institute, Inc. through Daikousha Inc., Japan. Co., Ltd.

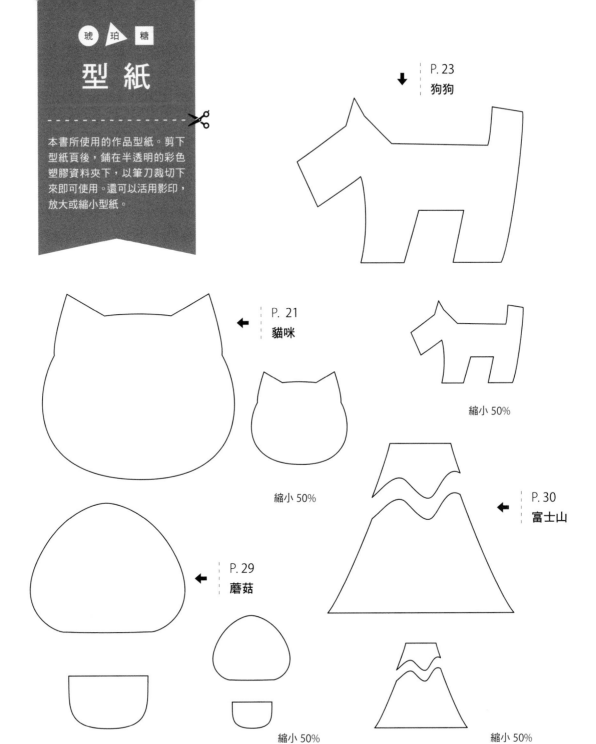

琥 珀 糖

型 紙

本書所使用的作品型紙。剪下型紙頁後，鋪在半透明的彩色塑膠資料夾下，以筆刀裁切下來即可使用。還可以活用影印，放大或縮小型紙。

P. 23
狗狗

← P. 21
貓咪

縮小 50%

縮小 50%

縮小 50%

← P. 30
富士山

← P. 29
蘑菇

縮小 50%

縮小 50%

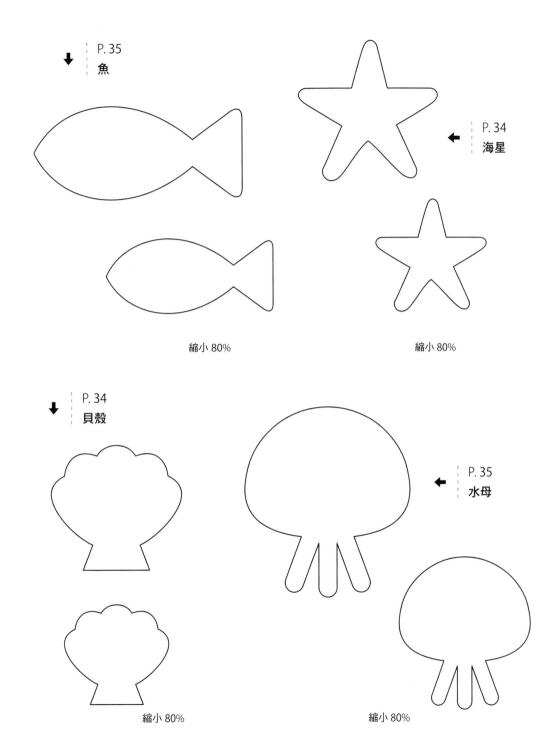

P. 35
魚

P. 34
海星

縮小 80%

縮小 80%

P. 34
貝殼

P. 35
水母

縮小 80%

縮小 80%

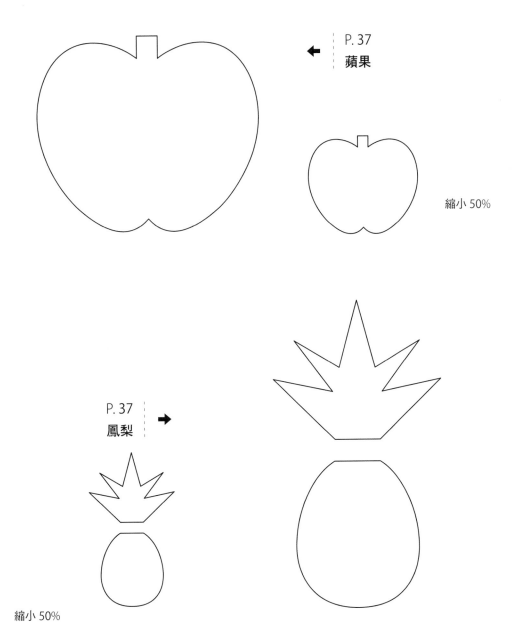

P. 37
蘋果

縮小 50%

P. 37
鳳梨

縮小 50%

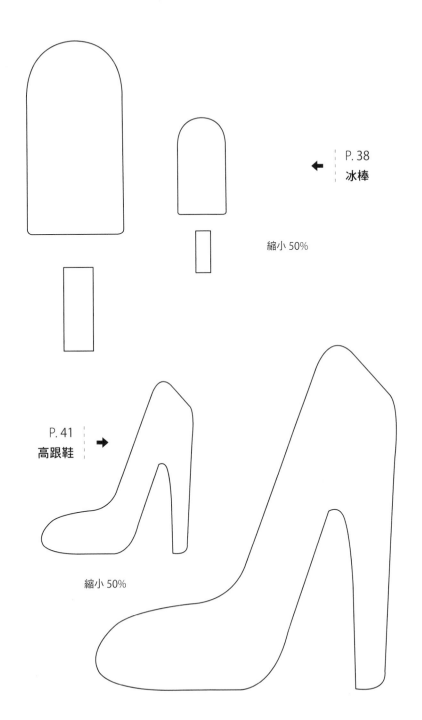

P. 38
← 冰棒

縮小 50%

P. 41
高跟鞋 →

縮小 50%

P. 43

領帶

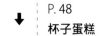

P. 48

杯子蛋糕

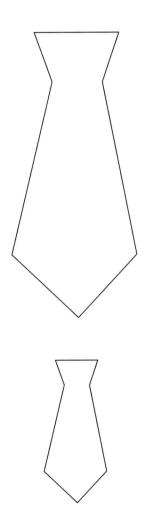

縮小 50%

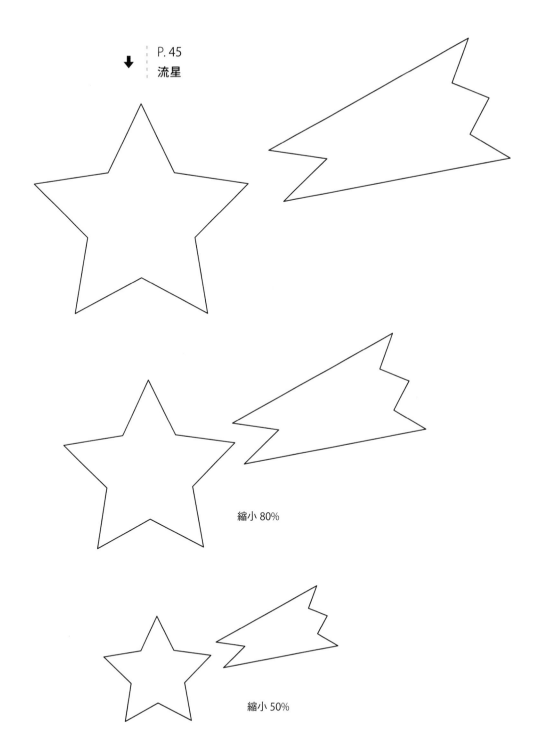

P. 45
流星

縮小 80%

縮小 50%

P. 54
COLUMN 2
琥珀糖的活用食譜

↓ 星星

放大 130%

↓ 蝴蝶

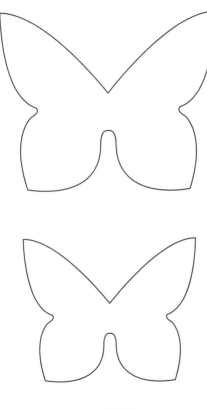

縮小 80%

↓ 鳥

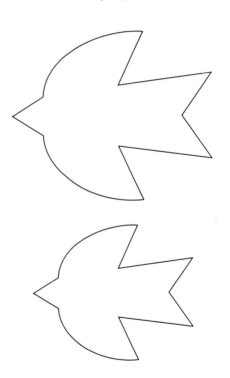

縮小 80%

P. 58
英文字母

P. 61
禮物